Patrick de Wever

Gesteine und Minerale

Verwendete Kürzel

P Primär

S Sekundär

T Tertiär

MIX
Papier | Fördert gute Waldnutzung
FSC® C004378

Penguin Random House Verlagsgruppe FSC® N001967

Die Deutsche Nationalbibliothek verzeichnet diese Publikation in der Deutschen Nationalbibliografie; detaillierte bibliografische Daten sind im Internet unter http://dnb.d-nb.de abrufbar.

Umschlaggestaltung: dyadesign, Düsseldorf, www.dya.de unter Verwendung von Motiven aus dem Innenteil von Lise Herzog
Satz und Layout: InterMedia – Lemke e. K., Heiligenhaus
Druck und Bindung: PBtisk, a.s., Pribram
Printed in Czech Republic
ISBN 978-3-7306-1156-2
www.anacondaverlag.de

Patrick de Wever

Gesteine und Minerale

70 Steine entdecken und bestimmen

Illustrationen: Lise Herzog

Aus dem Französischen von Ilona Zuber

Anaconda

Einführung

Wozu dieser Taschenführer?

Wenn wir das Wort Steine hören, denken wir meist spontan an graue Kiesel, die wir in den Bach werfen, an kleine störende Steinchen im Schuh oder an Steine, über die wir stolpern, weil sie im Weg liegen. Doch wenn wir uns ein wenig intensiver mit Steinen beschäftigen, eröffnet sich uns eine ganz eigene Welt, wir lernen die uns umgebende Landschaft besser verstehen und erhalten Einblicke in faszinierende Geheimnisse der Erdgeschichte.

Für wen ist dieser Taschenführer gedacht?

Dieser Führer richtet sich an Spaziergänger, die neugierig auf das sind, was ihnen unterwegs begegnet. Kontemplative Zeitgenossen begnügen sich damit, das, was sie sehen, einfach nur zu genießen; der Neugierige dagegen will wissen, was ihn umgibt, um seine Umgebung zu verstehen. Also benennt er Kategorien. Auf diese Weise kann er bestimmte Dinge zusammenfassen und andere davon abgrenzen. Der nächste Schritt besteht darin, festzustellen, was häufig zusammen vorkommt und was sich gegenseitig ausschließt. Nach und nach versteht man auf diese Weise, dass die Natur keineswegs ein wildes Durcheinander ist. Ihre Pracht beginnt sich für uns zu entfalten, wenn wir vom Spaziergänger zum Beobachter werden. Wir haben hier 70 der häufigsten und leicht zu erkennenden Gesteine und Minerale zusammengestellt. Sie werden sehen, dass Geologie gar nicht so kompliziert ist. Lassen Sie sich darauf ein!

Wie ist das Buch aufgebaut?

Dieses Buch gliedert sich in vier Abschnitte. Zu jedem Gestein oder Mineral gibt es einen »Steckbrief«, in dem beschrieben ist, welche Merkmale mit bloßem Auge zu erkennen sind. Darüber hinaus gibt es zu jedem Eintrag eine Abbildung.

Die Abschnitte, die jeweils einer Gesteinsart entsprechen, sind folgende:

– Sedimentgesteine;
– magmatische Gesteine;
– metamorphe Gesteine;
– die Minerale, aus denen die genannten Gesteine bestehen.

Wie kann man Gesteine bestimmen?

Um ein Gestein richtig bestimmen zu können, sollte man sich am besten eine frische Bruchstelle ansehen, denn Flächen, die den Einflüssen der Natur ausgesetzt sind, sind zumeist verwittert und zerkratzt und können mit Moosen oder Flechten bedeckt sein, die die Einzelheiten verbergen oder nicht mehr klar erkennen lassen; deshalb hat ein Geologe stets einen Hammer dabei. Oft ist eine Lupe mit 10-facher Vergrößerung sehr hilfreich, um die Minerale, aus denen der Stein besteht, zu betrachten (die Lupe wird gegen das Auge gehalten und die Probe so weit herangeholt, bis das Bild scharf ist). Details sind auf nassen Oberflächen besser sichtbar: Trockene Gehsteigkanten beispielsweise sehen grau aus, doch bei Regen treten die Minerale darin hervor, weil die Farbkontraste besser zur Geltung kommen.

Kleines Vokabular

Ein **Mineral** ist eine Substanz, die durch ihre chemische Zusammensetzung und die Anordnung ihrer Atome nach einer bestimmten Periodizität und Symmetrie definiert ist. Es muss zwingend in der Natur vorkommen (künstlich hergestellte chemische Verbindungen sind keine Minerale, auch wenn sie wie solche aussehen). Einige Minerale entwickeln eigene Strukturen, andere nicht. Wenn dieselbe chemische Zusammensetzung vorliegt, aber mit zwei unterschiedlichen Kristallstrukturen, ergibt das zwei verschiedene Minerale. So bestehen beispielsweise sowohl Diamant als auch Graphit (siehe Seite 136) aus reinem Kohlenstoff. Diamant bildet Kristalle in Form sehr kompakter Würfel, die so fest miteinander verbunden sind, dass sich keine Moleküle ablösen würden, wenn man den Stein über ein Blatt Papier streicht, während Graphit eine Kristallstruktur aus dünnen Blättchen aufweist, die sich leicht abreiben und somit durchaus Spuren auf dem Papier hinterlassen würden.

Ein Mineral ist in der Regel anorganisch, aber es gibt auch organische Minerale, wie zum Beispiel Bernstein (siehe Seite 38) oder Kopal. Diese werden manchmal als Minerale bezeichnet, sind aber von der Internationalen Agentur für Mineralogie nicht als solche anerkannt. Bernstein wird allerdings von Gemmologen als Mineral anerkannt. Um das Problem zu lösen, haben einige amerikanische Mineralogen vorgeschlagen, die Bezeichnung **Mineraloid** einzuführen.

Ein **Kristall** muss nicht unbedingt ein Mineral sein. Bei einem Kristall handelt es sich um einen Festkörper mit einer regelmäßigen Struktur und einem sich wiederholenden Motiv. Er weist einen geordneten Innenbau aus einer großen Zahl von Atomen, Molekülen oder Ionen auf. Ein bestimmtes Motiv wiederholt sich immer gleich in einem regelmäßigen Gitter, das man als Zelle bezeichnet (und das einige Zehntel Nanometer groß ist). Die am häufigsten vorkommenden Kristalle sind Kristalle von Schnee, Zucker, Salzen, Silikaten (zum Beispiel Sandkörner), Oxiden, Sulfiden, Metallen und Edelsteinen (Gemmen).

Ein Kristall ist kein Mineral

Kandiszucker bildet hübsche Kristalle. Es handelt sich dabei zwar um organische Kristalle, da sie aus Zuckern (Saccharose) bestehen. Weil Kandiszucker aber nicht in natürlicher Form in Gesteinen vorkommt, ist er auch kein Mineral.

Edelsteine sind Minerale, die durch ihre besondere Schönheit auffallen. Roh, poliert oder geschliffen sind sie eine wichtige Handelsware (zum Beispiel in Form von Schmuck).

Ein **Gestein** besteht aus Mineralen, die entweder gleichartig sein können, wie beispielsweise in Sandstein (Quarzkörner), oder verschieden. Granit zum Beispiel enthält drei Hauptminerale: Quarz, Feldspäte und Glimmer (siehe Seiten 70, 108, 110 und 112).

Kalkstein besteht vor allem aus Calcit, aber besitzt oft auch kleinere Ton- und Quarzanteile, ebenso wie eine geringe Menge Eisenoxid, das für die rötliche Farbe sorgt. Ein Gestein ist also so etwas wie eine »Gesellschaft« von Mineralen, die aufeinander wirken und deren Bildung von ganz bestimmten Bedingungen abhängt.

**Ist Wasser ein Gestein?
Und ist Eis ein Mineral?**

Festes Wasser besteht aus anorganischen Eiskristallen. Eis ist ein Mineral, das im Universum sehr häufig zu finden ist und als das auf der Erdoberfläche am häufigsten vorkommende Mineral gilt. Seine Kristalle besitzen eine hexagonale symmetrische Struktur. Jedes Sauerstoffatom befindet sich in der Mitte eines Tetraeders aus jeweils vier anderen Sauerstoffatomen. Festes Wasser ist somit ein Gestein, und daher ist auch ein Eisklumpen ein Gestein.

Ein **Erz** (von lateinisch *minera*, die Mine) ist ein in der Natur vorkommendes festes Material mit einem Gehalt eines nutzbaren Minerals, der groß genug ist, um einen Abbau zu rechtfertigen. Um industriell verwertbar zu sein, müssen Erze weiterverarbeitet werden.

Mine oder Steinbruch?

Hin und wieder kommt es zu Verwechslungen zwischen den Begriffen Mine und Steinbruch. Oft wird angenommen, der Unterschied bestehe darin, dass ein Steinbruch über und eine Mine unter der Erde liege. Tatsächlich kann aber sowohl in einem Steinbruch als auch in einer Mine der Abbau ober- oder unterirdisch erfolgen: Der eigentliche Unterschied besteht in der Art des abgebauten Materials (strategisch oder wertvoll bei der Mine, von geringerem Wert beim Steinbruch). Eine Mine ist eine Lagerstätte, an der Erze (Eisen, Gold, Kupfer, Uran usw.) oder andere feste natürliche Verbindungen (Kohle, Diamant, Salz usw.) abgebaut werden. Kohleminen können zum Beispiel unter Tage liegen, wie ehemals im Ruhrgebiet, oder die Kohle kann im Tagebau gefördert werden, wie einst in Schöningen oder dem Tagebau Humboldt (Niedersachsen). Ein Steinbruch hingegen ist ein Ort, an dem Baumaterialien wie Stein, Sand oder verschiedene nichtmetallische oder energetische Minerale gewonnen werden.

Die verschiedenen Arten von Gestein

Die Welt der Steine ist schier unermesslich. Um uns darin zurechtzufinden, müssen wir Gesteine in Gruppen einordnen. Denkbar wären Klassifizierungen nach der Dichte, der Farbe oder auch der Zusammensetzung. Im Allgemeinen herrschen jedoch zwei Einteilungsprinzipien vor: nach der Zusammensetzung (Karbonatgestein, Silikatgestein usw.) oder nach der Entstehung der Gesteine. Bei letzterer Vorgehensweise unterscheidet man drei große Gruppen:

- Sedimentgesteine, die durch Ablagerungen entstehen;
- magmatische Gesteine, die aus Magma entstehen;
- metamorphe Gesteine, die aus der Umwandlung älterer Gesteine entstehen.

Sedimentgestein entsteht durch die Ablagerung von meist sehr kleinen Partikeln unter Einwirkung eines strömenden Mediums oder der Schwerkraft. Die winzigen Teilchen bilden ein lockeres Sediment aus verschiedenen Schichten, die oft gut erkennbar sind. Mit der Zeit verdichten sich die Sedimente, Flüssigkeiten gelangen hinein und führen schließlich zur Zementation; das Material verfestigt sich und wird kompakt. Es wird zu Gestein. Sedimentgesteine bestehen nur selten aus einem einzigen Element, meist sind sie eine Mischung aus Elementen unterschiedlicher Zusammensetzung und Größe, was diese Gesteinsgruppe außerordentlich vielfältig macht: Obwohl nur 5 bis 10 % der Erdkruste aus Sedimentgesteinen bestehen, machen diese Gesteine 90 % der Mineralvielfalt auf unserem Planeten aus. Beispiele für Sedimentgesteine sind Kalkstein und Sandstein.

Magmatische Gesteine entstehen entweder tief im Erdinnern, wenn Magma dort langsam erkaltet, oder an der Erdoberfläche, wenn das Magma dort austritt und sich sehr schnell abkühlt. Im ersten Fall besitzen die entstehenden magmatischen Gesteine große Kristalle; man spricht von kristallinen Gesteinen (Granit). Im zweiten Fall dagegen kommt es aufgrund des raschen Erkaltens zu einem Effekt der »Abschreckung«: Das Gestein erstarrt, bevor es größere Kristalle bilden kann; es wird zu einem Glas. Dies sind dann die vulkanischen Gesteine (Basaltlaven).

Metamorphe Gesteine sind Gesteine, die in großer Tiefe unter hohen Temperaturen und hohem Druck mehr oder weniger intensiv umgewandelt wurden. Bei dieser Transformation verändert sich auch häufig das Material dieser Gesteine. Sie enthalten oftmals große Mineralisierungen. Schiefer und Gneis gehören zu dieser Gesteinsart.

Gesteine werden abgebaut, um sie als Bausteine oder Dekorsteine zu verwenden (Kalkstein, Sandstein), oder wegen der in ihnen enthaltenen, unmittelbar nutzbaren Minerale (Kohle, Talk). Manchmal werden sie auch verarbeitet, um bestimmte chemische Elemente zu extrahieren (zum Beispiel Bauxit zur Gewinnung von Aluminium).

Die verschiedenen Arten von Mineralen

Es gibt etwa 5300 Minerale, die nach chemischen und kristallografischen Kriterien klassifiziert werden. Sie lassen sich aufgrund ihrer Zusammensetzung in zehn Hauptklassen einteilen:

1. Gediegene, d. h. in der Natur in mehr oder weniger reiner Form vorkommende Elemente wie Kohlenstoff (und Diamant), Schwefel, Gold, Silber, Kupfer, Platin;

2. Schwefel (Anion S^{2-}) mit Schwefelsalzen;

3. Halogenide: Chloride (Cl-), Fluoride (F-) usw.;

4. Oxide (O^{2}-) und Hydroxide (OH-);

5. Karbonate (CO_3^{2-}) und Nitrate (NO_{3-});

6. Borate (BO_3^{3-});

7. Sulfate (SO_4^{2-}), Chromate (CrO_4^{2-}), Molybdate (MO_4^{2-}), Wolframate (WO_4^{3-});

8. Phosphate (PO_4^{3-}); Arseniate (AsO_4^{3-}); Vanadate (VO_4^{3-});

9. Silikate (SiO_x4^{-2x});

10. Organische Minerale, kristallisierte und in der Natur vorkommende organische Verbindungen wie Oxammit $(NH_4)_2C_2O_4 \cdot H_2O$, ein Oxalat.

In diesem Taschenführer sollen diejenigen vorgestellt werden, die in unseren Regionen am häufigsten vorkommen und am leichtesten zu erkennen sind.

Auch Minerale haben eine Evolution durchlaufen

Lange Zeit betrachtete man die Welt der Minerale als etwas der Welt des Lebens Entgegengesetztes. Dieser Gegensatz war jedoch weitgehend künstlich geschaffen: Fast zwei Drittel aller Minerale sind mit der Existenz von Leben verbunden, weshalb sie auf anderen Planeten nicht zu finden sind.

Die mineralogische Vielfalt hat mit der Entwicklung des Lebens auf unserem Planeten und parallel zu dieser Entwicklung zugenommen: Im Laufe der Erdgeschichte sind immer wieder neue Minerale entstanden. Manche Mineralogen gehen davon aus, dass zur Zeit der Entstehung unseres Sonnensystems nur zwölf Minerale existierten. Heute gibt es etwa 5300 erfasste Minerale auf der Erde, von denen etwa 2900 direkt oder indirekt auf biologische Aktivität zurückgehen.

Gesteine, die im Zuge der Evolution des Lebens entstanden sind, machen nur einen Teil der existierenden Sedimentgesteine aus, die wiederum nur einen kleinen Teil der Erdkruste bilden, welche ihrerseits nur als eine verhältnismäßig dünne Schicht unseren Globus überzieht. Dennoch ist es gerade dieses Gestein, das nicht nur den Großteil der auf der Erde benötigten Energie liefert, sondern auch unseren Planeten von allen anderen unterscheidet.

Was ist eigentlich Glas?

Glas ist ein Feststoff, dessen Atome, Ionen oder Moleküle keine eigene kristalline Struktur haben. Man bezeichnet Glas als amorphes Material, und es ähnelt stark einer erstarrten Flüssigkeit. Wir kennen zwar das Glas, das der Mensch für seine eigenen Bedürfnisse herstellt (zum Beispiel, um daraus Fensterscheiben oder Gefäße zu machen), aber es gibt auch eine ganze Reihe von Gesteinsgläsern, die in der Natur vorkommen.

Wenn ein Lavastrom sehr rasch abkühlt und die Schmelze nicht genügend Zeit hat, um auszukristallisieren, erstarrt sie zu Glas. Manchmal sind Lavaströme oder vulkanische Bomben von einer solchen »Kruste« überzogen, die in der Regel höchstens einige Zentimeter stark ist. Es gibt jedoch auch meterdicke Ströme aus einem Glas namens Obsidian. Ein Stück Obsidian kann leicht mit dunklem Flaschenglas verwechselt werden, da beides die gleichen Merkmale hat; nur kommt das eine in der Natur vor, während das andere künstlich hergestellt wird.

Vulkanisches Glas entsteht, wenn Magmen reich an Kieselsäure sind (man nennt sie dann saure Magmen). Stark kieselsäurehaltige Laven sind äußerst zähflüssig, und diese Konsistenz behindert die Ausbreitung der Schmelze. Die enthaltenen Teilchen können dann nicht schnell genug kristallisieren, d. h. sich so anordnen, dass sie regelmäßige Kristallstrukturen bilden. Es findet lediglich eine chemische Reaktion (Polymerisation) statt, die zu einem Gestein mit strukturlosem Gefüge, also einem Glas, führt: dem Obsidian. In diesem Fall ist dann die gesamte Ader bzw. der gesamte Strom glasig und nicht nur der Überzug.

Impaktiten sind natürliche Gesteinsgläser, die beim Einschlag eines Meteoriten entstanden sind. Im Gegensatz zu den Tektiten sind sie nicht in die Atmosphäre hochgeschleudert worden. In der chemischen Zusammensetzung von Impaktiten finden sich Spuren des aufgetroffenen Meteoriten.

Die geologische Zeitskala

Die Erde besteht seit vier Milliarden Jahren – eine Zeitspanne, die wir uns angesichts unserer eigenen Lebensdauer nur schwer vorstellen können. Aus diesem Grund haben die Menschen eine geologische Zeitskala erstellt und die Erdgeschichte in verschiedene Erdzeitalter eingeteilt. Das Erdaltertum – vor dem Beginn des sichtbaren Lebens – nannte man das »Primär«. Dementsprechend wurden die darauffolgende Periode als »Sekundär« und die jüngste als »Tertiär« bezeichnet. Anschließend teilte man diese Erdzeitalter in verschiedene Systeme ein. Das älteste war das Kambrium. Diese Bezeichnung leitet sich von »Cambria«, dem lateinischen Namen für Wales, ab. Die Zeit davor, also die Periode zwischen der Entstehung der Erde und der Entstehung von sichtbarem Leben auf der Erde, nannte man »Präkambrium«.

Mit der Zunahme des wissenschaftlichen Fortschritts wurde klar, dass das Präkambrium weitaus länger gedauert hat als die Zeit, seit der es nachweislich Leben auf der Erde gibt, nämlich fast vier Milliarden Jahre gegenüber etwa 500 Millionen Jahren seit Entstehung des Lebens.

So wurden neue Unterteilungen und Bezeichnungen vorgeschlagen. Heute spricht man nicht mehr von Primär, Sekundär und Tertiär, sondern meist von Paläozoikum, Mesozoikum und Känozoikum (wir verwenden hier die einfachsten Begriffe), und das Präkambrium wurde in Hadaikum, Archaikum und Proterozoikum untergliedert.

ÄRA	SYSTEM	ALTER (in Jahren)
		Gegenwart
KÄNOZOIKUM	Quartär	
		2 600 000
	Neogen	
		23 000 000
	Paläogen	
		66 000 000
MESOZOIKUM	Kreide	
		~145 000 000
	Jura	
		201 000 000
	Trias	
		252 000 000
PALÄOZOIKUM	Perm	
		299 000 000
	Karbon	
		359 000 000
	Devon	
		419 000 000
	Silur	
		444 000 000
	Ordovizium	
		485 000 000
	Kambrium	
		541 000 000
PROTEROZOIKUM	Neoproterozoikum	
		1 000 000 000
	Mesoproterozoikum	
		1 600 000 000
	Paläoproterozoikum	
		2 500 000 000
ARCHAIKUM	Neoarchaikum	
		2 800 000 000
	Mesoarchaikum	
		3 200 000 000
	Paläoarchaikum	
		3 600 000 000
	Eoarchaikum	
		4 000 000 000
Hadaikum		
		~4 600 000 000

Mehr erfahren

Bücher

Hochleitner, Rupert: Der Kosmos Mineralienführer: 700 Mineralien, Edelsteine und Gesteine, Franckh Kosmos Verlag, 2. Aufl., 2019 (448 S.)

Schumann, Walter: Der große BLV Naturführer Steine und Mineralien: Das Standardwerk, BLV, ein Imprint von GRÄFE UND UNZER Verlag GmbH, 13. Aufl., 2016 (400 S.)

Sebastian, Ulrich: Gesteinskunde: Ein Leitfaden für Einsteiger und Anwender, Springer Spektrum, 4. Aufl., 2017 (220 S.)

Websites

https://www.geologieportal.ch/de/wissen/lernen.html

https://www.geoparks-in-deutschland.de

Museen

Museum für Naturkunde Berlin

Mineralogisches Museum der Universität Bonn

Museum für Mineralogie und Geologie Dresden

Mineralogische Sammlung der TU Bergakademie Freiberg

Mineralogisches Museum Hamburg

Deutsches Edelsteinmuseum Idar-Oberstein

Mineralogisches Museum Marburg

Museum Mineralogia München

Kristallmuseum Riedenburg

Merkmale

Ton ist ein Material, das im trockenen Zustand recht hart und im feuchten Zustand breiig ist. Seine möglichen Farben reichen von Schwarz über Grün oder Rot bis hin zu Weiß. Ton besteht aus wasserhaltigen Silikaten oder Aluminiumsilikaten mit schichtartiger Kristallstruktur, die in der Regel durch die Verwitterung von Silikatmineralen, zum Beispiel Feldspäten, entstehen.

Verwendung

Ton wird zur Herstellung von Papier, in Kosmetika und als Baumaterial (Strohlehm) verwendet. Aus gebranntem Ton werden Töpferwaren, Porzellan, Dachziegel oder auch Ziegelsteine gefertigt.

Gut zu wissen

Was gemeinhin als Ton bezeichnet wird, ist im Grunde eine ganze Familie von Mineralen. Ton wird hier als Gestein vorgestellt, doch es gibt zahlreiche verschiedene Tonminerale (Smektit, Kaolinit, Montmorillonit usw.) mit unterschiedlicher chemischer Zusammensetzung und Kristallstruktur.

Ton

Merkmale

Sand ist ein Lockergestein, und für die Bezeichnung als Sand ist nur die winzige Korngröße, nicht aber die Zusammensetzung der Körner ausschlaggebend. In Frankreich sind die meisten Sande weiß und bestehen aus Quarz. In Vulkanregionen dominiert schwarzer Sand.

Verwendung

Sand wird in großen Mengen zur Herstellung von Beton verwendet, aber er kommt auch in der Produktion von Glas oder für Reinigungszwecke (Sandstrahlen) zum Einsatz.

Gut zu wissen

Es gibt Sand in vielen verschiedenen Zusammensetzungen und Korngrößen. Der als Baustoff verwendete Sand wird als Rohstoff immer knapper.

Sand

Glassand

Merkmale

Sandstein besteht aus abgelagertem Sand, der durch ein natürliches Bindemittel (aus Siliziumdioxid, Kalk oder Sonstigem) verfestigt wurde. Die meisten bestehen überwiegend aus Quarz. Manche enthalten auch andere Minerale (Feldspat, Glaukonit). Meist sind Sandsteine hellgrau, es gibt aber auch grünliche, gelbe oder rote (wenn sie Eisen enthalten), wie zum Beispiel den Sandstein, der zum Bau des Straßburger Münsters verwendet wurde, oder den Buntsandsteinfelsen von Helgoland. Sandstein ist ein hartes Gestein, das manchmal brüchig sein kann.

Verwendung

Sandstein wird zur Herstellung von Wetzsteinen, für Bordsteine oder zum Pflastern verwendet. Man findet ihn auch an zahlreichen Bauwerken (z. B. am Freiburger Münster).

Gut zu wissen

Bestimmte Konkretionen von Sandstein werden als »Gogotten« bezeichnet (siehe Seite 26).

Sandstein

Straßenpflaster

Pflasterstein

Roter Sandstein

Merkmale

Gogotten sind Sandsteinkonkretionen, die man im Sand findet, vor allem in der Gegend von Fontainebleau. Die gerundeten und verschlungenen Formen sind oft sehr ästhetisch und faszinieren den Betrachter. Diese Formationen aus zementiertem Sand haben sich durch die Bewegungen von Wasser gebildet, das durch die Zwischenräume zwischen den Sandkörnern geflossen ist.

Verwendung

Gogotten sind beliebte Dekorationsobjekte. Sie werden in vielen Museen auf der ganzen Welt ausgestellt und stehen auf internationalen Märkten hoch im Kurs.

Gut zu wissen

Der Begriff »Gogotte« geht auf eine Unterhaltung zwischen einem Geologen und seinen Enkeln im Wald von Fontainebleau in den 1970er-Jahren zurück. Die Formen erinnerten die Kinder an »Gogotten«, fröhliche Ungeheuer aus dem Kinderbuch *Zephir macht Ferien* aus der Kinderbuchreihe um Babar den Elefanten, die »traurige Menschen, die auf ihre Insel kommen, in dicke, lustig geformte Kieselsteine verwandeln«.

Gogotte

P – S – T

Merkmale

Konglomerate bestehen aus Geröll und Fragmenten aller möglicher Gesteinsarten, die durch ein Bindemittel aus Kalk, Kieselsäure, Phosphat oder Eisenverbindungen verkittet sind. Sind die Gesteinsbruchstücke eckig, spricht man von einer Brekzie; sind sie stärker abgenutzt und abgerundet, spricht man von Puddingstein.

Verwendung

Wird zum Bauen verwendet, je nach Härte in Form von Bruchsteinen oder Steinplatten.

Nicht verwechseln

Wenn eckige Gesteinsfragmente vorhanden sind, besteht Verwechslungsgefahr mit einer tektonischen Brekzie, die durch Zerbrechen von Muttergestein entsteht. Bei tektonischen Brekzien bleibt der ursprüngliche Gesteinsverband allerdings erhalten.

Gut zu wissen

Wie Sandstein definiert sich auch Konglomerat durch seine Korngröße (von einigen Millimetern bis zu einem Dezimeter) und weniger durch seine Zusammensetzung.

Konglomerat

Merkmale

Der in der Regel weißliche, poröse und sehr leichte Diatomit besteht aus der Anhäufung von Schalen mikroskopisch kleiner fossiler Kieselalgen (Diatomeen). Er wird auch als Kieselgur bezeichnet.

Verwendung

Das Mineral wird in der Lebensmittelindustrie als Filtermaterial eingesetzt. Darüber hinaus wird es bei der Herstellung von Dynamit verwendet, es dient als Isoliermaterial und – seltener – als Baustein (etwa in der Kuppel der Hagia Sophia in Istanbul). Zu Pulver zermahlen wird Diatomit als Scheuermittel (zum Beispiel in Zahnpasta) oder als Insektizid genutzt (gegen kriechende Insekten).

Nicht verwechseln

Das feinkörnige Gefüge und die weiße Farbe erinnern an Kreide (siehe Seite 32), doch besitzt Diatomit eine rauere Beschaffenheit.

Gut zu wissen

Oftmals enthält Diatomit wunderschön erhaltene Fossilien (zum Beispiel Insekten oder Blätter).

Diatomit

Merkmale

Kreide ist ein relativ weiches, weißes Gestein, das durch die Ansammlung von Skelettresten mikroskopisch kleiner Kalkalgen gebildet wird. Nicht selten finden sich auch andere Fossilien wie Seeigel, Muscheln und Schwämme darin, und oftmals ist Feuerstein mit Kreide vergesellschaftet.

Verwendung

Kreide wird als Baumaterial verwendet, aber auch – zu Pulver zermahlen – als Schlämmkreide für Reinigungszwecke, in der Papierherstellung oder als Verdickungsmittel für Farben.

Nicht verwechseln

Leicht zu verwechseln mit Diatomit (siehe Seite 30), der sich allerdings rauer anfühlt.

Gut zu wissen

Kreide vermittelt durch seine Feinkörnigkeit und die intensive weiße Farbe einen Eindruck von Reinheit. Nichtsdestotrotz handelt es sich dabei um Fäkalien: Die Kreide entstand durch Ansammlung winziger Knäuel von Ausscheidungen kleiner Krebse (Copepoden). Früher bestand Tafelkreide aus diesem Gestein.

Kreide

Kreide mit Feuerstein-Einschlüssen

Merkmale

Feuerstein liegt üblicherweise in Form von Knollen vor, die als Bänderungen in Kreide eingelagert sind. Einige Feuersteine kommen auch in anderen Kalksteinarten vor, diese unterscheiden sich aber leicht. Feuerstein besteht aus Siliziumdioxid und weist einen charakteristischen Bruch auf, der an ein abgebrochenes Stück Flaschenglas oder auch an die Oberfläche von Muscheln erinnert, weswegen er als muschelig bezeichnet wird. Weil der Feuerstein so hart ist, ist sein Bruch äußerst scharfkantig.

Verwendung

Feuerstein wird seit jeher für Werkzeuge oder Waffen wie Pfeilspitzen oder Harpunen sowie als Zündhilfe verwendet. Gelegentlich dient er auch als Baumaterial.

Nicht verwechseln

Feuerstein ähnelt manchmal dem Obsidian, weist aber anders als jener oft helle Spuren von urzeitlichen Getreidekörnern oder fossilen Tierchen auf.

Feuerstein

Merkmale

Meulière-Stein ist ein sehr hartes, beige- bis rostfarbenes Sedimentgestein mit zahlreichen Hohlräumen, das aus Siliziumdioxid besteht. Entstanden ist es aus einer bereits zuvor vorhandenen Formation, in der Regel durch Verkieselung von Kalkstein. Seinen Namen verdankt der Meulière-Stein der Tatsache, dass er einst als Material für die Herstellung von Mühlsteinen geschätzt wurde.

Verwendung

Aus diesem Stein wurden Mühlsteine gemacht, weil er – beispielsweise im Gegensatz zu Sandstein – keine Sandkörner im Mehl hinterließ. Mühlsteine aus Meulière-Stein wurden in die ganze Welt exportiert. Dieser Stein ist ein hervorragendes Baumaterial, da er sehr hart und reich an großen Hohlräumen, dabei aber wasserundurchlässig und äußerst stabil ist und ausgezeichnete Wärme- und Schalldämmungseigenschaften besitzt.

Gut zu wissen

Der Meulière-Stein war prägend für die Architektur des 19. Jahrhunderts in Frankreich, insbesondere des Jugendstils.

Meulière-Stein
(Grobkörniger Sandstein)

Mauer aus
Meulière-Stein

Merkmale

Bernstein, der eine mehr oder weniger helle, gelb-orange Farbe hat, wird als Stein bezeichnet, weil er hart ist, obwohl es sich dabei eigentlich um ein fossiles Baumharz handelt. Da dieses Harz einst flüssig war, enthält Bernstein manchmal perfekt erhaltene Organismen (zum Beispiel Insekten oder Blumen). Für Bernstein gibt es unterschiedliche Erzeugerpflanzen. Bernstein im engeren Sinne stammt von Nacktsamern wie der Kiefer, Kopal dagegen von Bedecktsamern (Blütenpflanzen).

Verwendung

Bernstein wird für die Anfertigung von Schmuck und kunstgewerblichen Gegenständen verwendet.

Nicht verwechseln

Kopal ist in der Regel in Alkohol löslich, Bernstein hingegen nicht.

Gut zu wissen

Thales von Milet entdeckte sechs Jahrhunderte vor unserer Zeitrechnung, dass sich ein Stück Bernstein, wenn man es auf einer Schafshaut reibt, elektrisch auflädt. Der Bernstein (griechisch: *elektron*) wurde somit zum Namensgeber für Elektrizität.

Bernstein

Merkmale

Anthrazit entsteht durch die starke Umwandlung pflanzlicher Ausgangsstoffe. Es ist diejenige Steinkohlesorte, bei welcher der Inkohlungsprozess am weitesten fortgeschritten ist, und es enthält mehr als 90 % Kohlenstoff. Das Gestein ist schwarz, glänzend und relativ leicht.

Verwendung

Anthrazit wird als Brennstoff, zur Herstellung von Elektroden, Färbemitteln und Aktivkohle eingesetzt.

Nicht verwechseln

Anthrazit ist die hochwertigste Form der Steinkohle (siehe Seite 42), ist aber glänzender und weist ein weniger blättriges Gefüge auf.

Gut zu wissen

Anthrazit besitzt einen hervorragenden Brennwert, aber bei seiner manchmal unvollständigen Verbrennung wird Kohlenmonoxid freigesetzt, was in den 1960er-Jahren häufig zu Erstickungen führte.

Anthrazit

Merkmale

Steinkohle ist ein recht leichtes, mehr oder weniger hartes schwarzes Gestein und gehört zu einer ganzen Familie von Kohlen, die vom Torf und über die Braunkohle bis zur Anthrazitkohle reicht. Steinkohle besteht hauptsächlich aus Kohlenstoff (75–90 %) und geht aus der Umwandlung von organischem Pflanzenmaterial hervor.

Verwendung

Steinkohle wird überwiegend zum Heizen verwendet, aber nach entsprechender Verarbeitung auch als Imprägniermittel in Form von Teer.

Gut zu wissen

Beim Kontakt mit Sauerstoff oxidiert Steinkohle (eigentlich »brennt« sie, meist aber ohne Flamme), weshalb sich die Halden mit der Zeit rot färben. Bei dieser Umwandlung entstehen neue Minerale (etwa 20 spezifische Minerale).

Steinkohle

T

Merkmale

Torf ist zwar kein Gestein, aber ein Sediment, das die erste Stufe der Inkohlung darstellt (vgl. Steinkohle, Seite 42). Torf enthält 50 bis 55 % Kohlenstoff. Es handelt sich um ein fossiles organisches Material aus pflanzlichen Substanzen, das in einer wassergesättigten Umgebung, dem Moor, entsteht.

Verwendung

Torf wird in getrocknetem Zustand als Brennstoff genutzt. Rauch von Torffeuern dient als Geschmacksträger für bestimmte Whiskysorten.

Nicht verwechseln

Die pflanzlichen Bestandteile sind deutlicher erkennbar als bei der Braunkohle.

Gut zu wissen

Der Torfabbau war eine der Ursachen für das Verschwinden oder die Zerstörung zahlreicher Feuchtgebiete.

Torf

Merkmale

Der meist helle Gipsspat ist ein weiches Gestein, das sich mit dem Fingernagel anritzen lässt. Je nach Art und Anordnung seiner Kristalle kann er unterschiedlich aussehen. Er kann kompakt sein, aber auch tafelig, fasrig, erdig oder zuckerartig. Eine Varietät des Gipsspats ist der Alabaster.

Verwendung

Gipsspat wird vor allem zur Herstellung von Gips verwendet. Alabaster wird als Material in der Bildhauerei eingesetzt. Früher wurden daraus auch Fenster gemacht.

Nicht verwechseln

Gipsspat bildet häufig sogenannte Zwillingskristalle, etwa sogenannte Montmartre-Zwillinge oder Schwalbenschwanz-Zwillinge, die ihre Bezeichnung ihrem historischen Fundort bzw. ihrem Aussehen verdanken.

Gut zu wissen

Die sogenannte Sandrose ist keine Rose, und sie besteht auch nicht aus Sand, sondern vielmehr aus Gips (siehe Abbildung auf Seite 47). In einer Grotte in Mexiko sind zehn Meter hohe Kristalle gefunden worden!

Gipsspat

Sandrose

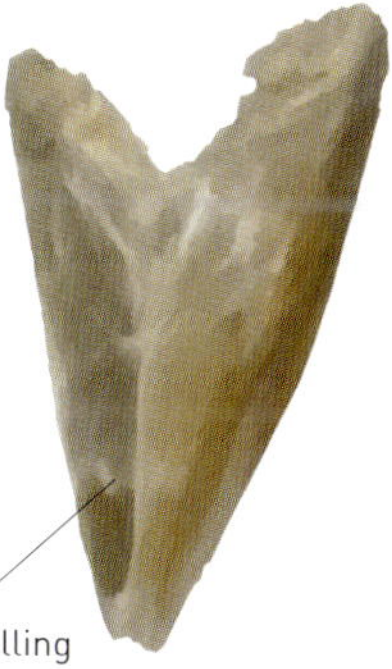

Schwalbenschwanz-Zwilling

Merkmale

Travertin ist ein meist heller, beigefarbener Kalkstein, der durch Kalkablagerungen an Süßwasserquellen entsteht. Er besitzt zahlreiche kleine Hohlräume (Poren), die sich durch die Wirkung der in den verkrusteten Ablagerungen eingeschlossenen Gase gebildet haben. Oftmals sind darin noch Abdrücke von zersetzten Blättern, Zweigen usw. zu finden.

Verwendung

Travertin wird zum Bauen verwendet (die Außenmauern des Kolosseums in Rom sind aus Travertin), als Verblendung in Badezimmern oder als Material für Steinmetze und Bildhauer.

Nicht verwechseln

Tuffstein und Travertin sind sehr ähnliche Gesteine, sodass ihre Bezeichnungen manchmal synonym gebraucht werden. Man sollte sie jedoch auseinanderhalten (Travertin bildet sich im Vergleich zu Tuffstein an wärmeren Quellen).

Travertin

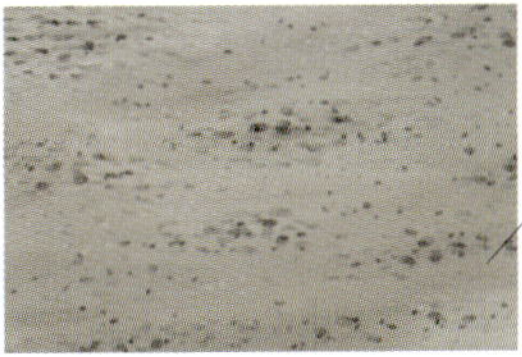

Fußboden aus Travertin

Merkmale

Ein extrem feinkörniger Kalkstein, der durch schichtweise Ablagerungen feinster Partikel im Wasser einstiger Lagunen entstanden ist. Das sehr harte, meist helle (beige) Gestein lässt keinerlei Details erkennen. Zwischen den Schichten sind gelegentlich kleine schwarze Mangan-Kristallstrukturen zu sehen, die an Bäumchen oder Farne erinnern.

Verwendung

Solnhofener Plattenkalk wurde in der aufkommenden Druckindustrie als sogenannter »Lithographiestein« für das Steindruckverfahren (Lithographie) verwendet.

Nicht verwechseln

Diatomite besitzen eine wesentlich rauere Oberfläche und sind feinporig.

Gut zu wissen

Auf den Schichtflächen von Solnhofener Plattenkalk finden sich oftmals Kristallstrukturen aus Manganoxid, die wie Bäumchen aussehen, daher der Name Dendriten (von griechisch *dendron*, Baum).

Solnhofener Plattenkalk

Dendriten aus
Manganoxid

Merkmale

Der Schillkalk (Lumachelle) ist ein meist beigefarbener oder grauer Kalkstein. Er besteht aus einer Ansammlung zusammengebackener Versteinerungen von abgestorbenen Schalentieren (Muscheln, Schnecken oder Armfüßern) oder deren Bruchstücken, die mit bloßem Auge gut sichtbar sind.

Verwendung

Schillkalk wird im Bauwesen (vor allem, wenn die Schalentiere klein sind), für Verblendungen, als Bodenbelag oder für Ziergegenstände verwendet.

Nicht verwechseln

Anders als beim Schillkalk sind beim Riffkalk die Kalkskelette der Organismen noch in Lebendstellung zu sehen (biogene Kalksteine).

Gut zu wissen

Schillkalk wird auch als Lumachelle bezeichnet; *lumaca* ist das italienische Wort für Schnecke.

Schillkalk

Bodenfliese aus Schillkalk

Merkmale

Dieser sehr harte Kalkstein entsteht durch das Wachstum eines Riffs. Seine Farbe variiert von hellbeige über rötlich bis hin zu schwarz. Da Riffkalk durch massenhafte Kalkabscheidungen lebender Organismen gebildet wird (Biokonstruktion), lassen sich im Gesteinskörper noch immer Spuren dieser Organismen erkennen, etwa von Geweih- oder Tischkorallen.

Verwendung

Riffkalk wird zum Bauen und für dekorative Zwecke verwendet.

Nicht verwechseln

Im Gegensatz zu vielen anderen Kalksteinen, die durch zusammengespülte Elemente entstanden sind, haben sich Riffkalke durch am Meeresboden festsitzende Organismen gebildet.

Gut zu wissen

Riffe wachsen in warmen Gewässern. Riffkalkvorkommen in den Ardennen oder im Salzburger Land zeugen von bedeutenden klimatischen Veränderungen.

Riffkalk

Kalkstein aus rotbraunem Riffkalk

Kalkstein mit Korallenfragmenten

Merkmale

Diese durch Eisenoxide rot gefärbten Kalksteine haben sich in relativ stark bewegtem Wasser gebildet. Sie enthalten nebeneinanderliegende kugelförmige Elemente, die in einem Zement schwimmen. Unter den eingeschlossenen Elementen befinden sich manchmal Ammoniten (daher wird der Stein in Italien auch als *Ammonitico Rosso* bezeichnet) oder Organismen, aus denen sich Steinkerne gebildet haben (Clymenien). Diese Überreste, weiß inmitten eines roten Knötchens, erinnern an Kirschen (Griotte-Marmor).

Verwendung

Rote Kalksteine werden zum Bauen, vor allem jedoch zu dekorativen Zwecken verwendet.

Gut zu wissen

Viele dieser Kalksteine werden als Marmor bezeichnet, so beispielsweise der Guillestre-Marmor (»Marbre de Guillestre«), ein sehr ammonitenreicher roter Kalkstein aus den französischen Alpen, oder der Griotte-Marmor (»Marbre griotte«), der in der Montagne Noire im Zentralmassiv abgebaut wird.

Roter Kalkstein

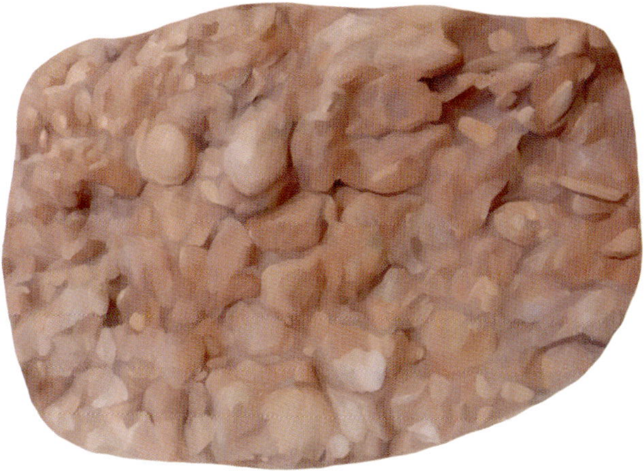

Kalkstein mit
Ammoniten

Merkmale

Dieser sehr widerstandsfähige Kalkstein ist im Naturzustand bläulich und erscheint schwarz, wenn er poliert (oder gewachst) wird. Er enthält Fossilien, die normalerweise heller als das Gestein sind, sowie Fragmente von kleinen Stachelhäutern (Crinoiden), sogenannten Seelilien, die aus einem Monokristall aus Calcit bestehen und als glänzende Pünktchen hervortreten. Das Gestein kann sehr hell sein, wenn es aus dem Sekundär stammt, und erscheint bei Nässe dunkler.

Verwendung

Wegen seiner Festigkeit wurde er im nördlichen Teil Frankreichs sowie in Belgien und Deutschland sehr häufig verwendet.

Nicht verwechseln

Eine Varietät dieses Steins wird als »Belgischer Granit« bezeichnet, weil die fossilen Einschlüsse ihm ein körniges Aussehen verleihen, das an Granit erinnert.

Belgischer Blaustein

Merkmale

Dieser ausgesprochen harte, beigefarbene Kalkstein, der von feinen Bändern oder kleinen, vogelspurenähnlichen Flecken durchzogen ist, wurde vor fast 300 Millionen Jahren in einem warmen, flachen Meer von Algen und Bakterien gebildet.

Verwendung

Überall in Frankreich ist dieser Stein als Bodenbelag für große Flächen anzutreffen (zum Beispiel in Bahnhofsgebäuden oder Wandelhallen), aber auch an Gebäudefassaden oder als Badezimmerfliesen. Er wird im nordfranzösischen Departement Pas-de-Calais im größten Steinbruch Frankreichs abgebaut.

Nicht verwechseln

Da dieser Stein mannigfaltige Erscheinungsformen annehmen kann, wurden ihm viele verschiedene Namen gegeben; der Begriff Marmor ist in diesem Zusammenhang eine ökonomische und keine wissenschaftliche Bezeichnung, denn Marmor ist ein metamorphes Gestein.

Boulonnais-Marmor

Detail

Merkmale

Ocker ist ein Material, das vor allem anhand seiner Textur und seiner Farben definiert wird: Es ist erdig, pulvrig, besitzt eine hellgelbe bis blutrote Färbung und besteht aus verschiedenen Eisenoxiden oder -hydroxiden (Hämatit, Goethit, Limonit).

Verwendung

Ocker ist vor allem für seine Verwendung als Farbstoff bekannt. Es gibt jedoch noch andere Einsatzgebiete, zum Beispiel als Antiseptikum (als Salbe bei den Himba in Namibia), in Gummiringen (für Einmachgläser) und in Käserinde, wo er dazu dient, das Wachstum von Pilzen und Bakterien zu verlangsamen.

Nicht verwechseln

Alle gelb-orangefarbenen Sedimente bestehen zumindest teilweise aus Ocker, da seine Färbekraft sehr stark ist.

Ocker

Ockerfelsen in der Provence

Merkmale

Limonit wird manchmal als Mineral bezeichnet, ist jedoch ein Gemenge aus hydrierten Eisenoxiden. Es handelt sich also um ein Sedimentgestein, das Goethit und Hämatit, aber auch Aluminium, Siliziumdioxid, Tonminerale, Phosphate, Arsenate und organische Komponenten enthält. Häufig findet es sich als Verwitterungsprodukt von Mineralen an der Erdoberfläche. Manchmal kommt es als Mantelschicht an limonitreichem Gestein vor, die sehr eisenhaltig ist und als »Eiserner Hut« bezeichnet wird. Dieser Stein ist fast schwarz, wird allerdings bei Nässe gelblich.

Verwendung

Limonit ist aufgrund seines Phosphat- und Arsenatgehalts für die Eisenindustrie nur von geringem Wert.

Nicht verwechseln

Mit bloßem Auge kann man Limonit nicht von reinem Ocker unterscheiden, allerdings hat er eine andere Zusammensetzung; er enthält keinen oder nur sehr wenig Sand.

Limonit

Merkmale

Chalcedon ist eine Varietät von Quarz mit mikroskopisch kleinen Kristallen. Es handelt sich also streng genommen nicht um ein Mineral, sondern vielmehr um ein Gestein, das aus Siliziumdioxid besteht.

Verwendung

Chalcedon wird häufig als Dekorstein verwendet, entweder einfach im Rohzustand poliert oder zu Ziergegenständen (Vasen, Uhren usw.) verarbeitet.

Gut zu wissen

Einige bunt gebänderte Varietäten werden als Achat bezeichnet (sind diese Schichten regelmäßig und deutlich nuanciert, spricht man von Onyx). Andere wiederum, die rosafarben bis braun sind, werden Sarder genannt.

Chalcedon

Achat

Onyx

Merkmale

Jaspis ist ein kieselsäurehaltiges Sedimentgestein, das hauptsächlich aus mikrokristallinem Quarz (bis zu 95 %), Ton und Eisenoxiden besteht. In manchen Steinen finden sich Ansammlungen von silikatischen Planktonskeletten (von Strahlentierchen, auch Radiolarien genannt), sodass sie als Radiolarite bezeichnet werden. Aufgrund der Menge und Verteilung der Beimengungen ist der Farb- und Varietätenspielraum von Jaspis außerordentlich groß. Normalerweise ist Jaspis rot, es kommen aber auch grüne oder schwarze Steine vor (Lydite, Phthanite).

Verwendung

Bereits in prähistorischen Zeiten wurde Jaspis für die Herstellung von Werkzeugen verwendet. Heute dient er vor allem als Schmuckstein oder als Dekorstein.

Jaspis

P

Merkmale

In dem Wort Granit steckt der lateinische Begriff *granum* (Korn) – wie der Name schon sagt, handelt es sich also um ein Gestein mit körnigem Gefüge, das im Allgemeinen aus drei Arten von Mineralen (Körnern) zusammengesetzt ist: Quarz (durchscheinend grau, fettähnlich glänzend), Feldspäte (weiß oder rosa) und Glimmer (schwarz, manchmal silbrig).

Verwendung

Granite werden vor allem im Bauwesen genutzt. Auch für Bordsteinkanten werden sie verwendet.

Nicht verwechseln

Die Bezeichnung Granit wird in der Umgangssprache häufig als Oberbegriff für Gesteine verwendet, die – unabhängig von ihrer Zusammensetzung – nach dem Polieren eine körnige Textur aufweisen und somit dem eigentlichen Granit ähneln.

Gut zu wissen

Granit verwittert polsterartig zu Gesteinsblöcken mit gerundeten Kanten (»Wollsackverwitterung«) und bei weiterem Zerfall zu kleinkörnigem Gesteinsgrus.

Granit

Merkmale

Diorit besitzt ein klein- bis mittelkörniges Gefüge. Er ähnelt daher dem Granit, enthält aber keinen Quarz. Einige Stücke enthalten große, helle Kristalle (Feldspäte).

Verwendung

Diorit ist ebenso hart wie Granit und wird als Baustein und für Bordsteinkanten verwendet.

Nicht verwechseln

Von Steinmetzen wird Diorit häufig als Granit bezeichnet; vom echten Granit unterscheidet er sich jedoch durch das Fehlen von Quarzkörnern.

Gut zu wissen

Diorit gehört zu einer ganzen Familie von körnigen Gesteinen, die von Granit bis Gabbro reicht.

Diorit

Merkmale

Syenit ist ein körniges Gestein, dessen Körner mit bloßem Auge sichtbar sind. Er ähnelt dem Granit, enthält jedoch keinen Quarz. Syenite sind hell und graurosa. Einige Varietäten sind bläulich mit großen Kristallen (Feldspäte).

Verwendung

Syenit wird für den Bau von Gebäuden verwendet.

Nicht verwechseln

Von Steinmetzen wird Syenit häufig als Granit bezeichnet; vom echten Granit unterscheidet er sich jedoch durch das Fehlen von Quarzkörnern.

Gut zu wissen

Syenite gehören zu einer ganzen Familie von körnigen Gesteinen, die von Granit über Diorit bis zum Gabbro reicht. Eine Varietät wird als Verblendstein verwendet: der Larvikit, der zum Nationalstein Norwegens geworden ist. Er weist sehr hübsche bläulich schimmernde Minerale mit schillernden Reflexen auf.

Syenit

Merkmale

Gabbro besitzt ein klein- bis grobkörniges Gefüge. Er ähnelt daher dem Granit, ist aber meist dunkler und enthält weder Quarz noch Glimmer. Seine dunkelfarbigen Kristalle sind Pyroxene und/oder Olivine.

Verwendung

Gabbro ist ebenso hart wie Granit und wird als Baustein und für Bordsteinkanten verwendet.

Nicht verwechseln

Von Steinmetzen wird Gabbro häufig als Granit bezeichnet; anders als echter Granit enthält er jedoch keine Quarzkörner, dafür aber Pyroxene.

Gut zu wissen

Gabbro gehört zu einer ganzen Familie von körnigen Gesteinen, die von Granit über Diorit bis zum Gabbro reicht.

Gabbro

Merkmale

Im unverwitterten Zustand weist dieses Gestein eine hübsche smaragdgrüne Färbung auf, es ist von hoher Dichte und wird oftmals dunkel, wenn es verwittert. Peridotit besteht aus Olivin und Pyroxenen und stammt aus dem Erdmantel.

Verwendung

Der Olivin, der seinen Namen seiner olivgrünen Farbe verdankt, wird auch Peridot genannt (daher der Name des Gesteins), und die schönen Peridotkristalle werden als Halbedelsteine zur Anfertigung von Schmuckstücken verwendet. Im Gegensatz zu vielen anderen Mineralen wird die Farbe beim Peridot nicht durch seine Einschlüsse hervorgerufen, daher besitzt er immer die gleiche Grünfärbung.

Gut zu wissen

Bei Vulkanausbrüchen werden oftmals Bruchstücke nach oben geschleudert, die dann als Knollen in der Lava zu finden sind (siehe Seite 92).

Peridotit

Merkmale

Vulkanische Bomben sind Relikte von Vulkanausbrüchen. Zähflüssiges Magma wird bei einem solchen Ausbruch in die Luft geschleudert, wo es abrupt erkaltet und die Form einer Spindel annimmt. Es kann aber auch wieder zurückfallen und dann die Form eines Kuhfladens annehmen. Andere vulkanische Bomben weisen eine brotkrustenartige Oberfläche auf. Sie sind dunkel, meist rötlich gefärbt.

Verwendung

Die Bomben selbst werden kaum verwendet, wohl aber die Asche, in der sie sich befinden (siehe Puzzolan, Seite 82).

Gut zu wissen

Die Größe der meisten vulkanischen Bomben bewegt sich im Bereich einiger Dezimeter, es gibt jedoch auch Exemplare mit Durchmessern von mehreren Metern. An manchen spindelförmigen Bomben lässt sich noch erkennen, dass sie sich auf ihrer Flugbahn um die eigene Achse gedreht haben.

Vulkanische Bomben

P – S – T

Merkmale

Aktive Vulkane spucken ihr Magma in Form von Bomben oder viel kleineren Elementen, einer Art Lavatröpfchen, aus. Wenn diese winzigen Bruchstücke wieder zu Boden fallen, bilden sie kleine, harte, oft poröse Fragmente, eine schwärzliche bzw. rötliche Schlacke: Puzzolan, benannt nach der Stadt Pozzuoli in Italien, wo dieses Gestein beschrieben wurde.

Verwendung

Der sehr poröse Puzzolan wird als Drainageschicht unter Sportplätzen und Laufbahnen verwendet und dient seit der Antike als Zuschlagstoff, zum Beispiel bei der Herstellung von Römischem Beton – einem Beton, der sogar in Salzwasser abbindet.

Puzzolan

Merkmale

Rhyolith ist eine Lava, die reich an Siliziumdioxid ist. In der glasigen, meist roten Gesteinsmasse sind häufig Kristalle sichtbar. Sie haben oft eine deutlich erkennbare geometrische Form, weil ihr Wachstum nicht durch andere Kristalle behindert wurde. Die chemische Zusammensetzung des Gesteins ist die gleiche wie beim Granit.

Verwendung

Rhyolith wird als Baustein verwendet.

Nicht verwechseln

Wenn die Lava sehr rot ist, sieht sie manchmal wie roter Feuerstein oder Jaspis aus, doch in der Regel gelingt die Unterscheidung aufgrund der klar umrissenen Kristalle in der Gesteinsmasse recht zuverlässig.

Gut zu wissen

Rhyolithisches Magma ist äußerst zähflüssig, weshalb die Lava eine geringe Fließfähigkeit besitzt und die Vulkanausbrüche, bei denen dieses Magma austritt, explosiv sind. Im US-Bundesstaat Nevada gibt es eine Geisterstadt mit dem Namen Rhyolite: Sie entstand nach einem Goldfund und wurde nach dem für die Landschaft prägenden Rhyolith benannt.

Rhyolith

Magma-
tische
Gesteine

Merkmale

Obsidian ist ein Lavagestein, das die gleiche Zusammensetzung wie Rhyolith aufweist, aber im Wesentlichen aus Vulkanglas besteht. Es ist in der Regel schwarz. Sein Bruch sieht einem Stück Flaschenglas so ähnlich, dass es oft schwerfällt, beides zu unterscheiden.

Verwendung

Obsidian wurde in vorgeschichtlichen Zeiten zur Herstellung von Pfeilspitzen oder Äxten verwendet. Er ist seit jeher ein beliebtes Material für Ziergegenstände wie kleine Skulpturen, Figürchen, Vasen oder Brieföffner.

Nicht verwechseln

Wie die Scherben einer Flasche weist der Bruch von Obsidian eine Art kleiner Wellen auf, die an die Oberfläche von Muschelschalen erinnern, daher bezeichnet man diese Art Bruch auch als muschelig.

Obsidian

Merkmale

Trachyt ist eine Lava, die reich an Siliziumdioxid ist. Der recht helle glasige Zement umschließt helle, ein bis zwei Zentimeter große graurosa Kristalle, die häufig mit bloßem Auge gut sichtbar sind und bei denen es sich um Feldspäte handelt. Die Kristalle in der Grundmasse weisen oftmals deutlich umrissene geometrische Formen auf, da ihr Wachstum kaum durch andere Kristalle behindert wurde.

Verwendung

Trachyt findet seit der Antike im Bauwesen umfangreiche Verwendung. So besteht beispielsweise der Merkurtempel auf dem Gipfel des Puy de Dôme aus Trachyt. Der Volvic-Stein ist eine Varietät des Trachyts (ein Trachyandesit), die insbesondere in Clermont-Ferrand weit verbreitet war und in Paris auch zur Herstellung von Straßenschildern verwendet wurde (emaillierte Lava).

Gut zu wissen

Das zähflüssige, trachytische Magma sorgt für explosiven Vulkanismus.

Trachyt

Merkmale

Andesit ist eine im Allgemeinen recht helle Lava. In der glasigen Masse finden sich kleine Kristalle, oft in Form feiner Nadeln, die hell (Feldspat) oder dunkel (Amphibol) sein können. Dieses Gestein kommt nicht sehr häufig in Form von Lava vor, da das Magma sehr zähflüssig ist und eher einen explosiven Vulkanismus bewirkt.

Nicht verwechseln

Gelegentlich wird von Andesitvorkommen im französischen Zentralmassiv berichtet, doch handelt es sich dabei eher um Trachyandesite.

Gut zu wissen

Der Name rührt daher, dass diese Lava typisch für den Vulkanismus der Anden ist (Subduktionszone).

Andesit

Magma-
tische
Gesteine

P – S – T

Merkmale

Basaltische Lava ist meist schwarz, manchmal auch leicht rötlich. In der reichhaltigen Grundmasse sind gelegentlich kleine helle oder dunkle Kristalle zu sehen. Eine Varietät des Basalts weist hübsche, hellgrüne Olivinkristalle auf. Basalt bildet manchmal riesige ozeanische Plateaus (zum Beispiel das Kerguelen-Plateau).

Verwendung

Basalt wird als Baustoff oder zur Herstellung von Arbeitsplatten verwendet.

Gut zu wissen

Manche Laven sind sehr dünnflüssig und bilden daher Ströme von geringer Mächtigkeit, die dafür aber sehr ausgedehnt sind (zum Beispiel die »Planèzes« genannten Vulkanplateaus in den Cantal-Bergen des französischen Zentralmassivs). Manchmal finden sich in Basalt eingeschlossene grüne Peridotit-Knollen (Olivin = Peridot, siehe Seite 78); dabei handelt es sich um Bruchstücke, die bei der Eruption aus dem Erdmantel herausgerissen wurden.

Basalt

Merkmale

Bims ist eine äußerst gasreiche Lava mit zahlreichen Blasen. Diese haben sich bei der Abkühlung durch entweichende Gase gebildet und bewirken, dass das Gestein so leicht wird, dass es in Wasser aufschwimmt. Bimsstein besitzt meist eine sehr helle, weißgraue Farbe.

Verwendung

Bims wird als Isoliermaterial (zum Beispiel für Leichtbetonsteine) im Bauwesen, als Schleifmittel in der Industrie, zum Abreiben von Hornhaut, als Scheuerpulver, zum Holzabschleifen usw. verwendet.

Gut zu wissen

Bonsai-Züchter nutzen Bims als Wasser- und Düngerspeicher. Darüber hinaus säuberten in früheren Zeiten Mechaniker ihre ölverschmierten Hände mit einem Gemisch aus kleinen Bimssteinstücken und Schmierseife.

Bims

P – S – T

Merkmale

Basaltsäulen sind Strukturen, die in Lavaströmen (in der Regel Basalt) entstehen, wenn diese sich abkühlen. Durch das Zusammenziehen bilden sich – meist sechseckige – säulenartige Prismen, die an Orgelpfeifen erinnern, weswegen sie gelegentlich auch als »Basaltorgeln« bezeichnet werden.

Verwendung

Von oben betrachtet sehen die Prismen wie eine Pflasterung im Stil eines römischen *Opus incertum* (Mauerwerk aus Bruchsteinen in unterschiedlicher Größe und Form) aus. Man findet sie beispielsweise im Zentralmassiv. Eine berühmte derartige Formation in Irland wird als »Giant's Causeway« (Damm des Riesen) bezeichnet.

Gut zu wissen

Diese Struktur kann mathematisch modelliert und mit Maisstärke nachgebildet werden, da diese sich wie Lava verhält.

Basaltsäulen

Merkmale

Tonschiefer besitzt ein Gefüge aus parallel zueinander liegenden, geschichteten Platten. Meist ist er von dunkler Farbe und überwiegend grau, auch Violett- oder Grüntöne sind möglich. Tonschiefer entsteht durch die Umwandlung von Tonstein und ist sehr feinkörnig.

Verwendung

Aufgrund seiner Wasserundurchlässigkeit wird Tonschiefer häufig zum Dachdecken oder als Fassadenverkleidung verwendet, aber auch zur Herstellung von rustikalen Tischplatten oder Billardtischen. Auch im Kunsthandwerk spielt Schiefer eine Rolle, zum Beispiel als Material für Kamineinfassungen.

Nicht verwechseln

Schiefer wird zum Teil als Sammelbegriff für unterschiedliche Gesteine mit ähnlicher Gefügeart verwendet, traditionell zum Beispiel auch für Sedimentgesteine mit einer entsprechend geschichteten Anordnung.

Gut zu wissen

Schiefer entsteht aus sehr dicht gepacktem Tonstein. Wenn er verwittert, wird er wieder zu Ton. Manchmal sind im Schiefer kleine, rot oder golden schimmernde Kristalle sichtbar (Pyrit).

Tonschiefer

Schieferdach

Merkmale

Kristalline Schiefer entstehen unter sehr hohem Druck aus Tonmineralen. Sie spalten sich dann in sehr dünne Schichten blättrig auf (Schieferung), sodass sie in Form kleiner, dünner Plättchen vorkommen. Manchmal haben sich darin weiße Glimmerminerale gebildet, die dem Gestein ein leicht glänzendes Aussehen verleihen (Glimmerschiefer).

Verwendung

Schiefer von Abraumhalden wird als Auffüllmaterial für den Unterbau von Straßen verwendet. Einige Glimmerschiefer kommen als flache Platten beim Dachdecken zum Einsatz.

Nicht verwechseln

Im Englischen werden kristalline Schiefer als »schists«, Tonschiefer dagegen als »slates« bezeichnet. Im Deutschen dient der Begriff »Schiefer« als Sammelbegriff für Gesteine mit einem Gefüge aus leicht spaltbaren, parallel angeordneten Platten, mit dem auch Sedimentgesteine bezeichnet werden können.

Kristalline Schiefer und Glimmerschiefer

Merkmale

Das Gestein besteht aus Mineralen, die mit bloßem Auge erkennbar sind, darunter vor allem Quarzkörner, Feldspat und Glimmer (Hellglimmer oder Muskovit sowie Dunkelglimmer oder Biotit). Gneis weist eine Paralleltextur auf, bei der lagenweise angeordnete helle und dunkle Bänder aufeinander folgen (Bänderung).

Verwendung

Gneis kann als Schotter oder Splitt oder als Baustein verwendet werden.

Nicht verwechseln

Gneis ist breiter kristallisiert als Glimmerschiefer, aber weniger homogen als Granit.

Gut zu wissen

Einige Gneise beinhalten größere Einsprenglinge von Feldspäten, die eine Art Augen bilden. Sie werden als »Augengneis« bezeichnet.

Gneis

Metamorphe Gesteine

Merkmale

Marmor besteht aus Kalkstein, der unter Einfluss von hohem Druck und hohen Temperaturen metamorphosiert wurde, was häufig zur Rekristallisation und zur Ausbildung leicht unscharfer Fließstrukturen geführt hat, der typischen Marmorierung. Je nach Ausgangsgestein können verschiedene Marmorarten demnach ganz unterschiedlich aussehen.

Verwendung

Marmor wird vielfach für dekorative Zwecke verwendet, zum Beispiel für Fassadenverkleidungen oder in der Bildhauerei, aber auch als Baustein für repräsentative Gebäude.

Gut zu wissen

Wissenschaftlich gesehen ist Marmor ein metamorphosiertes Kalkgestein. Darüber hinaus bezieht sich die Bezeichnung »Marmor« aber auch oft auf Handelsnamen oder Werksteinarten und damit eher auf die Art der Verwendung.

Marmor

Metamorphe Gesteine

verschiedene Farbtönungen

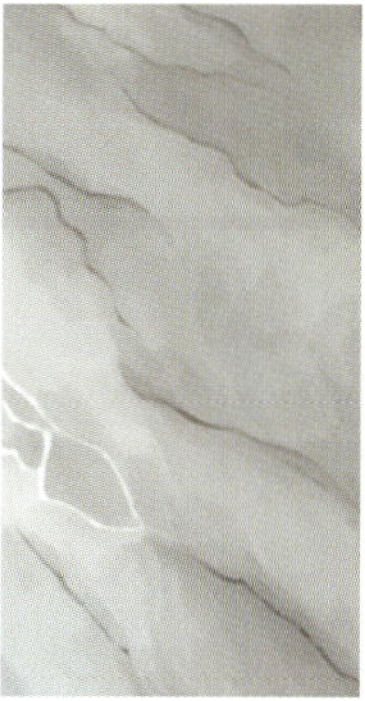

Merkmale

Dieses dunkelgrüne Gestein, das mit zahlreichen hellen Äderchen durchsetzt ist, entsteht durch die größtenteils hydrothermale Umstrukturierung von Gesteinen des Erdmantels. Es hat also im Wesentlichen die gleiche Zusammensetzung wie Peridotit.

Verwendung

Serpentinit wird häufig als Verblendstein für Schaufenster, Theken usw. oder für die Anfertigung kunstgewerblicher Gegenstände verwendet. Er wird im Zusammenhang mit der Abscheidung und Speicherung von CO_2 und der Produktion von Wasserstoff untersucht.

Nicht verwechseln

Dieses Gestein wird wegen seiner Äderung häufig als grüner Marmor bezeichnet, doch seine Zusammensetzung unterscheidet sich stark von der eines Marmors.

Gut zu wissen

Wo dieses Gestein an der Oberfläche liegt, ist die Vegetation besonders, zum Beispiel wachsen dort keine Bäume.

Serpentinit

Metamorphe Gesteine

Merkmale

Quarz, der aus Silizium und Sauerstoff besteht, ist eines der häufigsten Minerale auf der Erdoberfläche. In Fragmenten findet er sich in den meisten Sandarten. Da Quarz physikalisch sehr hart und chemisch stabil ist, ist er beständiger als die meisten anderen Minerale. Quarz, der ungestört von Nachbargesteinen wachsen konnte, weist gut ausgebildete Kristallflächen auf und ist durchsichtig.

Verwendung

Quarz hat mannigfache Verwendungszwecke, von Fensterscheiben über Schmelzsicherungen bis hin zu Armbanduhren.

Nicht verwechseln

Quarz wird auch als Bergkristall bezeichnet. Kristallglas besteht allerdings nicht aus Quarz.

Gut zu wissen

Es gibt zahlreiche Varietäten von Quarz, die auf färbende Ionen oder ionisierende Strahlung oder auf Einschlüsse farbiger Minerale zurückgehen, zum Beispiel den Rauchquarz (Morion), den violetten Amethyst oder den gelben Citrin.

Quarz

Rauchquarz

Amethyst

Quarz-
kristalle

Rosenquarz

Merkmale

Feldspatkristalle sind häufig in magmatischen und metamorphen Gesteinen zu finden. Oft besitzen sie eine rechteckige Form und eine helle Farbe. Manche sind grünlichbeige (Plagioklase), andere rosa gefärbt (Orthoklase).

Verwendung

Feldspäte eignen sich für die Herstellung von Zementen und Keramik.

Nicht verwechseln

Von den Quarzen unterscheiden sich Feldspäte im Gesteinskörper durch ihr milchiges Aussehen. Sie sind niemals transparent.

Gut zu wissen

Feldspäte kommen selten in isolierter Form vor, da sie relativ schnell zu Ton verwittern.

Feldspäte

Granit mit großen Feldspatflächen

Minerale

Merkmale

Glimmer bilden eine ganze Gruppe von Mineralen, die aus Kristallen bestehen, die sich in feinste Blättchen spalten lassen. Es gibt zwei große Untergruppen von Glimmern: den weißen, silbrig glänzenden Muskovit und den schwarzen, golden schimmernden Biotit. Einige Glimmer sind grünlich (Phlogopit), andere rosa oder lila (Lepidolith).

Verwendung

Glimmer wurden lange Zeit zu Sichtfenstern für Öfen verarbeitet. Heute werden sie in Kosmetikprodukten, in Metallicfarben, als elektrische Isolatoren usw. verwendet.

Gut zu wissen

Manche Glimmerkristalle erreichen eine Größe von mehreren Dutzend Zentimetern.

Glimmer

Riesige Kristalle von weißem Glimmer

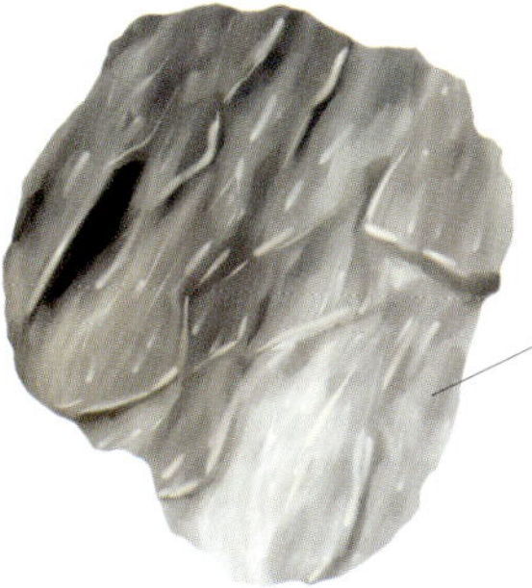

Glimmerschiefer

Gneis

Merkmale

Talk ist ein durch Metamorphose entstandenes Mineral, das manchmal das gesamte Gestein ausmacht. Selten kommen große, mit bloßem Auge sichtbare Kristalle vor. Charakteristisch für Talk ist seine seidige Beschaffenheit, die spürbar ist, wenn man über den Stein streicht und anschließend die Finger aneinander reibt.

Verwendung

Für Talk gibt es zahlreiche und vielfältige Einsatzzwecke. Man verwendet ihn in der Kosmetik, in der Luftfahrt, als Zuschlagstoff bei der Papierherstellung und in Lebensmitteln (Wurst, Kaugummi usw.).

Nicht verwechseln

Manche Tonerden oder andere Glimmerminerale (Serizit) fühlen sich aufgrund ihres blättrigen Gefüges ebenfalls sehr weich an.

Gut zu wissen

Eine graue Talkvarietät, der Speckstein, ist äußerst kompakt und wird schon seit Jahrtausenden zu kleinen Skulpturen verarbeitet.

Talk

Minerale

Merkmale

Variscit ist ein Phosphatmineral metamorphen Ursprungs. Es ist recht selten und weist eine grünlich-graue Färbung und einen seidigen Glanz auf.

Verwendung

Variscit wurde für geschliffene Äxte und bereits seit der Frühgeschichte als Schmuckstein (Armbänder und Perlen) verwendet, insbesondere in der Bretagne (Morbihan).

Nicht verwechseln

Variscit hat große Ähnlichkeit mit Jade, ob Jadeit oder Nephrit.

Gut zu wissen

Lange Zeit nahm man an, dass die in Frankreich gefundenen neusteinzeitlichen Gegenstände und Schmuckstücke von jenseits der Alpen importiert wurden, doch existieren auch im Departement Loire-Atlantique einige, wenn auch sehr kleine, Fundstätten.

Variscit

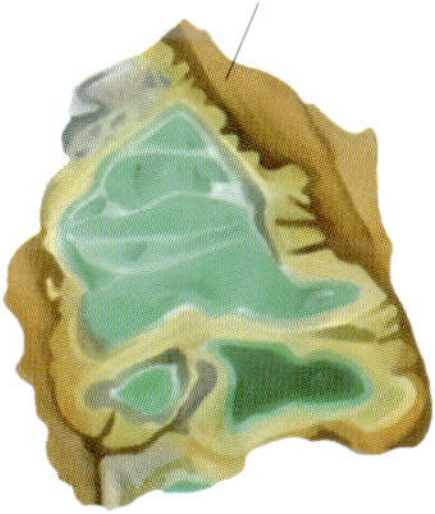

Merkmale

Granatkristalle sind recht einfach an ihrer charakteristischen Färbung zu erkennen. Ein weiteres Kennzeichen ist ihre normalerweise subsphärische Form (als Dodekaeder oder Trapezoeder mit 12 oder 24 Flächen). Sie treten allein oder im Gesteinskörper auf. Meist sind sie nur millimetergroß, einige seltene Exemplare erreichen jedoch mehrere Zentimeter oder gar Dezimeter.

Verwendung

Granate werden als Schmucksteine, vor allem aber als Schleifmittel verwendet.

Gut zu wissen

Es gibt verschiedene Arten von Granaten, deren Farben variieren. Man findet sie in Rosa, Grün, Gelb, Rot usw. Nur Blau ist nicht vertreten.

Granat

In Schiefer gebundener Granat

Minerale

Merkmale

Andalusit kommt oft in Form länglicher, gelblich-weißer Stäbchen mit glasartigem Glanz und Kohlenstoffeinlagerungen vor. Eine häufig vorkommende Varietät weist dunkle Einschlüsse in Form eines Kreuzes auf und wird daher als Chiastolith (von *chiastos* = mit einem Kreuz markiert) bezeichnet. Diese Minerale metamorphen Ursprungs treten in alten Tonerden auf.

Verwendung

Dieses Mineral, das durch Metamorphose bei relativ hohen Temperaturen entsteht, ist hitzebeständig und wird daher in der Industrie für entsprechende Zwecke eingesetzt (Metallurgie, Keramik).

Gut zu wissen

Andalusit ist oft mit Disthen und Sillimanit vergesellschaftet, die alle drei die gleiche chemische Zusammensetzung aufweisen und Marker für Metamorphismus sind.

Andalusit

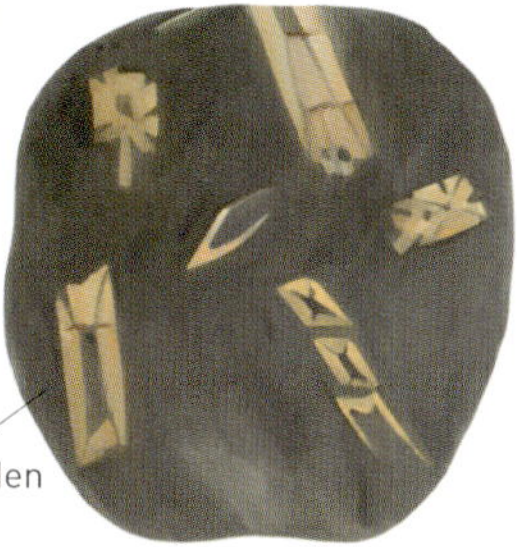

Merkmale

Staurolith ist ein Mineral, das häufig recht leicht zu erkennen ist, da es in Form kreuzweise verwachsener Kristalle vorkommt; daher wird Staurolith auch als Kreuzstein bezeichnet. Er ist braunschwarz gefärbt und findet sich in Gesteinen des Kontaktmetamorphismus, in Glimmerschiefer und Gneis, vergesellschaftet mit Granat, Disthen oder Andalusit.

Gut zu wissen

Wegen seiner Kreuzesform wird dieses Mineral als Schmuckstein und Talisman getragen. Auch wurden ihm magische Kräfte zugesprochen.

Staurolith

Merkmale

Calcit ist eines der häufigsten Minerale in unseren Breiten und Hauptbestandteil von Kalkgesteinen. Seine Kristalle sind jedoch meist mikroskopisch klein. Das formenreiche Mineral bildet beispielsweise Rhomboeder oder Prismen in Spalten von Gesteinskörpern. Calcitkristalle sind mehr oder weniger transparent und leicht schillernd.

Verwendung

Calcit wird, genau wie Kalkstein, häufig als Zuschlagstoff bei der Zementherstellung verwendet.

Nicht verwechseln

Große Calcitkristalle unterscheiden sich von Gips durch eine größere Härte (Kalkstein ist nicht mit dem Fingernagel ritzbar, ritzt aber auch kein Fensterglas).

Gut zu wissen

Calcit weist eine optische Doppelbrechung auf, weswegen er auch als »Doppelspat« bezeichnet wird. Eine transparente Varietät, der Islandspat, soll daher von den Wikingern als Navigationshilfe verwendet worden sein.

Calcit

Merkmale

Hämatit kommt meist in winzigen, für das bloße Auge unsichtbaren Kristallen vor, verleiht aber dennoch vielen Gesteinen oder Sedimenten eine blutrote Farbe (daher der Name). Große Kristalle sind schwarz bis silbergrau bzw. braun bis rot, wobei zahlreiche verschiedene Kristallformen vorkommen; häufig bilden sie sogar massige Aggregate (Konkretionen).

Verwendung

Hämatit ist das am häufigsten vorkommende Eisenerz. Das Mineral wird als Zuschlagstoff für Schwerbeton eingesetzt, der zur Herstellung von Ballastgewichten oder als Abschirmung für den Strahlenschutz verwendet wird. Fein gemahlen dient Hämatit als Pigment bei der Emailleherstellung. Manche Exemplare werden zu Schmucksteinen geschliffen.

Nicht verwechseln

Hämatit gehört zu den Eisenoxiden, ebenso wie Goethit und Limonit, die jedoch nicht so tiefrot sind.

Hämatit

Merkmale

Goethit gehört zur Mineralklasse der Oxide und Hydroxide. Seine Kristalle sind nur selten mit bloßem Auge sichtbar.

Verwendung

Seit der Frühgeschichte wird Goethit als Pigment in der Malerei verwendet (zum Beispiel in der Höhle von Lascaux). Heute ist er als Eisenerz von Interesse.

Gut zu wissen

Goethit ist äußerst hart. Als Bestandteil der Zähne von Napfschnecken macht er diese extrem widerstandsfähig. Seinen Namen trägt das Mineral zu Ehren von Johann Wolfgang von Goethe, dem Dichter und Naturwissenschaftler.

Goethit

Mit irisierenden Reflexen

Minerale

Merkmale

Markasit kommt in Form von messing- bis bronzegelben Nadeln vor, die konzentrisch zu einer Kugel mit knolliger Außenseite angeordnet sind. Dieses Eisensulfid hat die gleiche chemische Zusammensetzung wie Pyrit.

Verwendung

Markasit wurde seit der Altsteinzeit verwendet, um durch Schlagen mit einem harten Stein heiße Funken zu erzeugen und mithilfe von Zunder ein Feuer zu entfachen.

Nicht verwechseln

Markasit ist von ähnlicher Beschaffenheit wie Pyrit, unterscheidet sich aber in seiner Kristallform und zerfällt schneller unter Einwirkung von Feuchtigkeit (wobei Schwefelsäure freigesetzt wird). Markasitknollen werden oft für Meteoriten gehalten. Beide sind sehr kompakt, doch die radialstrahlige Struktur kennzeichnet den Markasit. Viele vermeintliche Markasitknollen sind in Wirklichkeit Pyritknollen.

Markasit

Merkmale

Pyrit verdankt seinen Namen der Fähigkeit, heiße Funken zu erzeugen (*pyros* = Feuer). Seine Kristalle bilden oft goldgelbe, manchmal rötliche Würfel. Den Gesteinen, in denen er in mikroskopischer Form vorliegt, verleiht er eine dunkelblaue Farbe. Bei der Verwitterung von Pyrit entstehen gelbliche Eisenoxide (manche geschliffenen Steine weisen am Außenrand einen gelblichen Strahlenkranz auf).

Verwendung

Pyrit wird seit dem Paläolithikum zum Feuermachen verwendet.

Nicht verwechseln

Markasit besitzt die gleiche Zusammensetzung und kommt ebenfalls in radialstrahliger Form vor.

Gut zu wissen

Wegen seiner Ähnlichkeit mit Gold wird Pyrit auch als »Narrengold« oder »Katzengold« bezeichnet.

Pyrit

Minerale

Merkmale

Opal ist eine Mineralart, die aus hydratisiertem Kieselgel besteht und in verschiedenen Formen (Tridymit, Cristobalit, amorpher Opal) vorkommt. Der perlmuttartige, schillernde Glanz entsteht durch die Brechung von Lichtstrahlen an den winzigen Bestandteilen.

Verwendung

Opale werden für kunstgewerbliche Zwecke und als Schmucksteine verwendet.

Nicht verwechseln

Es gibt zahlreiche Opalvarietäten. Trotz des perlmuttartigen Glanzes darf Opal nicht mit dem Perlmutt von Muscheln verwechselt werden. Zwar entsteht auch beim Perlmutt der irisierende Glanz durch Lichtbrechungen an der spezifischen Oberflächenstruktur, doch bestehen die Minerale aus Kalziumkarbonat.

Gut zu wissen

Menilit ist eine beigefarbene bis braune Opalart, die nach ihrem Fundort Ménilmontant, einem Stadtteil von Paris, benannt wurde und die Van Gogh zum Malen verwendete, was den Bildern des Künstlers ein besonderes, charakteristisches Weiß verleiht.

Opal

Minerale

Merkmale

Graphit ist leicht, schwarzschimmernd und besitzt einen leichten Metallglanz. Es besteht ebenso wie Diamant aus reinem Kohlenstoff, hat aber eine andere Kristallstruktur, die für sämtliche Unterschiede zwischen beiden Mineralen verantwortlich ist. Diese betreffen vor allem die Härte. Graphit ist sehr weich und hinterlässt eine grauschwarze Spur, wenn man es über ein Blatt Papier zieht. Daher wird es u. a. auch zu Bleistiftminen verarbeitet.

Verwendung

Graphit wird zum Schreiben verwendet (sein Name leitet sich ab vom griechischen Wort *graphein* = schreiben), aber auch als Material für Elektroden oder in der Mechanik, beispielsweise als Schmierstoff oder als Bestandteil von Stahl.

Nicht verwechseln

Vor der Entdeckung des Graphits verwendete man zum Schreiben neben Federn bis ins 18. Jahrhundert hinein auch Bleigriffel. Daher stammt die Bezeichnung »Bleistift«, die wir noch heute – fälschlicherweise – verwenden.

Gut zu wissen

Diamanten werden getragen, Graphit wird abgerieben.

Graphit

Minerale

Merkmale

Steinsalz, auch als Natriumchlorid oder Halit bezeichnet, hat sich bei der Verdunstung von Meerwasser oder Solen abgesetzt. Steinsalz bildet weiße Kristalle, die je nach Art der Beimengungen manchmal aber auch rot oder gelb gefärbt sein können. Die würfeligen Kristalle sind oft winzig klein, mit einer Lupe jedoch sichtbar. Sie werden manchmal zehn Zentimeter groß.

Verwendung

Salz wird zum Kochen und im Winter als Streusalz verwendet. Darüber hinaus kommt es in der chemischen Industrie zum Einsatz.

Nicht verwechseln

Dieses Mineral lässt sich an seinem typischen Geschmack von vielen anderen unterscheiden.

Gut zu wissen

Die Hälfte unserer Kunststoffe (PVC) wird auf der Grundlage von Steinsalz hergestellt. Das Himalayasalz ist aufgrund seines Eisengehalts rosa gefärbt.

Steinsalz

Merkmale

Sylvin ist chemisch gesehen Kaliumchlorid. Zusammen mit Steinsalz (Halit), mit dem es häufig vergesellschaftet ist, von welchem es sich in der Regel aber durch seine rosa Farbe und den bitteren Geschmack unterscheidet, bildet es Sylvinit.

Verwendung

In der chemischen Industrie (Düngemittel, Waschmittel) und für Keramik.

Nicht verwechseln

Schmeckt bitterer als Steinsalz (Halit), ist aber schwer von Carnallit (einem Kalium-Magnesium-Chlorid) zu unterscheiden.

Gut zu wissen

Im Elsass gibt es große Sylvinvorkommen mit mächtigen Wechsellagerungen von Sylvin und Steinsalz.

Sylvin

Minerale

Merkmale

Mit dem Begriff Jade werden zwei unterschiedliche Minerale gleichen Aussehens bezeichnet. Das eine ist der Jadeit (ein Pyroxen), das andere der Nephrit (ein Amphibol). Beide sind hell, von grünlich-grauer Farbe und recht hart.

Verwendung

Nephrit wurde lange Zeit zur Behandlung von Nierenleiden verwendet (daher der Name). Der Begriff Jade leitet sich vom spanischen »piedra de ijada« (= Lendenstein) ab. Heute werden sowohl Jadeit als auch Nephrit als Schmucksteine, etwa für Halsketten, und zur Herstellung von Ziergegenständen, zum Beispiel Vasen, verwendet.

Nicht verwechseln

Jade wird wegen der großen Ähnlichkeit oft mit Variscit verwechselt, vor allem, wenn es an prähistorischen Funden (geschliffenen Äxten, Perlen usw.) auftaucht. Einfache Unterscheidungskriterien gibt es jedoch nicht.

Gut zu wissen

Jade und Variscit (siehe Seite 116) sehen nicht nur gleich aus, sondern üben offenbar auch auf die Menschen in aller Welt die gleiche Faszination aus, ob in Mittelamerika, Westeuropa oder im Fernen Osten.

Jade

Minerale

Merkmale

Azurit (blau) und Malachit (grün) sind Kupferkarbonate in den hübschen Farben Azurblau und Apfelgrün mit allen möglichen Schattierungen, was sie sehr ästhetisch macht. Die beiden Minerale treten oft vergesellschaftet auf.

Verwendung

Zur Anfertigung von Ziergegenständen und als Farbpigmente.

Nicht verwechseln

Azurit gilt es nicht mit Lasurit zu verwechseln, einem ebenfalls blauen Mineral, bei dem es sich jedoch um Lapislazuli handelt, der als Pigment in der Malerei verwendet wird. Der Türkis wiederum ist ein Kupferphosphat.

Gut zu wissen

Azurit ist instabil und neigt dazu, zu hydratisieren und sich in den grünen Malachit umzuwandeln, was problematisch werden kann, wenn die Minerale in der Malerei verwendet werden (der Himmel wird dann möglicherweise zu einem Rasen) ...

Azurit und Malachit

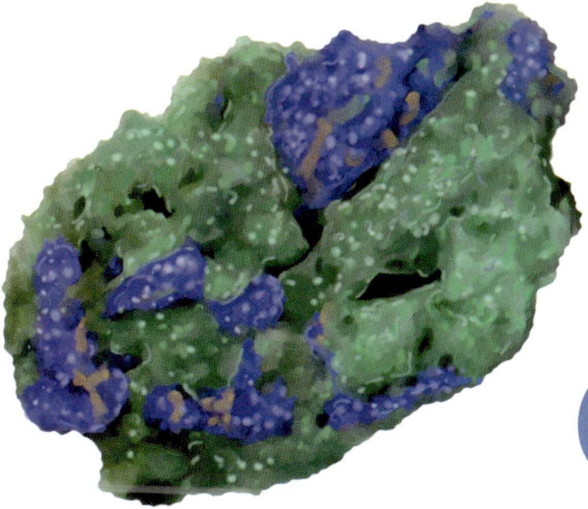

Minerale

Merkmale

Fluorit ist ein Kalziumfluorid, das je nach den eingeschlossenen Spurenelementen sehr unterschiedliche Farben aufweisen kann, in der Regel jedoch violett ist. Fluorit erscheint oft in Form von kleinen Würfeln. Er ist von glasartigem Glanz und von durchsichtiger bis durchscheinender Transparenz. Unter UV-Licht zeigt er eine starke Fluoreszenz.

Verwendung

In der chemischen Industrie oder als Flussmittel für die Metallurgie sowie in der Glasfabrikation.

Nicht verwechseln

Fluorit ähnelt dem Quarz-Amethyst, ist aber wesentlich weicher und bildet Würfel anstelle von hexagonalen Prismen mit sechsseitiger Spitze.

Gut zu wissen

Fluorit ist thermolumineszierend: Werden kleine Kristalle auf der Herdplatte erhitzt, beginnen sie zu leuchten (im Halbdunkel gut sichtbar).

Fluorit

Merkmale

Galenit, auch Bleiglanz genannt, ist chemisch gesehen Bleisulfid. Die Glanzzeit des Bleisulfids war die Epoche der ersten Rundfunkempfänger. Galenit entwickelt würfelförmige graue Kristalle mit ausgeprägtem Metallglanz, die sich dank der hervorragenden Spaltbarkeit definiert absondern lassen. Man findet dieses Mineral häufig in Adern, zusammen mit anderen Sulfiden (zum Beispiel Pyrit).

Verwendung

Als wichtigstes Bleierz wird Galenit der Glasschmelze zugesetzt, um sogenanntes Kristallglas herzustellen.

Gut zu wissen

Galenit ist häufig mit Silber verwachsen (silberhaltiger Galenit), und man findet entsprechende Vorkommen auch in Silberminen. In der Antike wurde Galenit benutzt, um die Augen dunkel zu schminken, während Bleiweiß zu Gesichtspuder verarbeitet wurde.

Galenit

Minerale

Merkmale

Oberflächen von Sandstein- oder – seltener – Kalksteinsedimenten weisen zuweilen wellenartige Oberflächenstrukturen auf, wie das Meer sie an Stränden hinterlässt. Tatsächlich sind dies Versteinerungen, die Millionen von Jahren überdauert haben. Sie werden als Rippeln oder Rippelmarken bezeichnet. Ähnliche Muster im Sand können auch durch die Einwirkung des Windes entstehen, doch versteinern diese in der Regel nicht.

Verwendung

Aus den Richtungen und Formen der Wellenmuster lassen sich die Art der Strömung und deren Richtung sowie die Art der Wellen bestimmen.

Nicht verwechseln

Rippelmarken sind nicht zu verwechseln mit kleinen Gesteinsfalten, da die Wellenformen nur an der Oberfläche vorliegen und nicht im Gestein selbst.

Rippelmarken

Phänomene

Merkmale

Manche Sand- und Kalksteinformationen sind mit zentimetergroßen Punkten bedeckt, die versteinerten Regentropfen entsprechen. Auf der Abbildung ist deutlich der Wulst um die kleinen Vertiefungen zu sehen, an dem sich der Aufprall des Regens erkennen lässt. Manchmal sind die Abdrücke so gut erhalten, dass man an der Asymmetrie der Spur die Richtung des Regens nachvollziehen kann.

Nicht verwechseln

Fossile Regentropfen unterscheiden sich von den Spuren, die Wattwürmer gelegentlich im Strandsand hinterlassen, durch die Regelmäßigkeit und die Ebenmäßigkeit der Abdrücke. Auch bedecken die Regentropfen nur die Oberfläche, während Wattwurmspuren durch den Sand hindurchgehen.

Versteinerte Regentropfen

Merkmale

Manche Oberflächen von Sandstein- oder Kalksteinsedimenten weisen polygonale Strukturen auf, bei denen es sich um versteinerte Trockenrisse (Schrumpfungsrisse) handelt. Solche Strukturen entstehen bei der Austrocknung eines schlammigen Sediments. Durch den Volumenverlust kommt es zu einer Schrumpfung des Materials, und es entstehen Spannungsrisse, die sich zu einem polygonalen Netzwerk verbinden. Die Risse füllen sich mit jüngerem Sediment derselben oder einer anderen Art.

Trockenrisse

Index

A

Andalusit **120**

Andesit **90**

Anthrazit **40**

Azurit und Malachit **144**

B

Basalt **92**

Basaltsäulen **96**

Belgischer Blaustein **58**

Bernstein **38**

Bims **94**

Boulonnais-Marmor **60**

C

Calcit **124**

Chalcedon **66**

D

Diatomit **30**

Diorit **72**

F

Feldspäte **110**

Feuerstein **34**

Fluorit **146**

G

Gabbro **76**

Galenit **148**

Gipsspat **46**

Glimmer **112**

Gneis **102**

Goethit **128**

Gogotte **26**

Granat **119**

Granit **70**

Graphit **136**

H

Hämatit **126**

J

Jade **142**

Jaspis **68**

K

Konglomerat **28**

Kreide **32**

Kristalline Schiefer
und Glimmerschiefer **100**

L

Limonit **64**

M

Markasit **130**

Marmor **104**

Meulière-Stein (Grobkörniger Sandstein) **36**

O

Obsidian **86**

Ocker **62**

Opal **134**

P

Peridotit **78**

Puzzolan **82**

Pyrit **132**

Q

Quarz **108**

R

Rhyolith **84**

Riffkalk **54**

Rippelmarken **150**

Roter Kalkstein **56**

S

Sand **22**

Sandstein **24**

Schillkalk **52**

Serpentinit **106**

Solnhofener Plattenkalk **50**

Staurolith **122**

Steinkohle **42**

Steinsalz **138**

Syenit **74**

Sylvin **140**

T

Talk **114**

Ton **20**

Tonschiefer **98**

Torf **44**

Trachyt **88**

Travertin **48**

Trockenrisse **154**

V

Variscit **116**

Versteinerte Regentropfen **152**

Vulkanische Bomben **80**